沖縄島の周辺離島を歩く

潮間帯と海藻 III

リュウキュウスガモ（海草）

ホソバナミノハナ（海藻）

伊江島西海岸

はじめに

　われわれの身近にありながら、その重要性が顧みられることの少ない海藻、海草などの「海の植物」。その存在をより認識してほしいとの思いを込めて2008年にまとめたのが「潮間帯と海藻」だった。前著では沖縄本島、来間島、池間島、大神島の潮間帯を紹介した。そして、2012年には石垣島を中心とした八重山諸島の潮間帯を紹介したのが「潮間帯と海藻 Ⅱ」である。今回「沖縄島の周辺離島を歩く」として、「潮間帯と海藻　Ⅲ」を紹介することにした。

　前著同様、潮間帯から飛沫帯を経て海岸林に至る広がりを潮間帯の「生物生息エリア」と考えて、潮間帯基盤の地質的観点や海岸植物もより多く盛り込んだ。

　沖縄において、オキナワモズク、クビレヅタ、オゴノリ類、ヒジキ、ヒトエグサ等、食用として活用されてきた海の植物はよく知られているが、海の生物たちの生活を支えているその他の多くの海藻、海草たちが存在することはあまり知られていない。この本が地域環境の保全、生物多様性の調査研究や保護活動の手始めに活用されることを願う。

　"物言わぬ"沖縄の身近な海の植物（海藻）にも一目を注いでみてほしい。

本書に目を通す前に

1. 多くの研究者、学者が出版している「海藻図鑑」ではなく、沖縄本島を中心とした、「潮間帯」とそこに生育している「海藻」を紹介したものである。

2. 取り上げた「海藻」の名前は、学名は省き、和名だけで示した。

3. 海藻の和名は吉田忠生著「新日本海藻誌」に基づき、瀬川宗吉・香村真徳著「琉球列島海藻目録」を参考にした。

4. 大潮の干潮時に歩いて、生育観察が容易である場所を紹介した。

5. 調査・写真撮影は昼間に大潮となる2月～9月までに行った。

6. 生育観察場所での海藻種や群生状況を紹介した。

7. 本書に目を通して後、生育している季節の大潮の時に現地で、潮の匂いをかみしめながら、海岸のパノラマと海藻生育を自分の目で確かめて欲しい。

8. 現場に行く場合はいつも安全に留意し、潮の干満の時間や潮流には気を付けて欲しい。

9. 有害生物には近づかないで、自分で身を守る手立てをして欲しい。

10. 今回は潮間帯の広がりを見て「海岸を歩く」としたので、貴重な海浜植物も紹介した。

はじめに

本書に目を通す前に

第1章　久米島の潮間帯

　　久米島の海岸状況 …………………………………………………… 8
　1　シンリ浜海岸 ……………………………………………………… 10
　2　アーラ浜海岸 ……………………………………………………… 16
　3　トクジム海岸 ……………………………………………………… 17
　4　島尻海岸 …………………………………………………………… 19
　5　イーフビーチ海岸 ………………………………………………… 23
　6　黒石森下方の海岸 ………………………………………………… 31

第2章　粟国島の潮間帯

　　粟国島の海岸状況 …………………………………………………… 38
　1　長浜ビーチ海岸の潮間帯 ………………………………………… 39
　2　西ヤマトゥガー海岸 ……………………………………………… 45
　3　沖縄海塩研究所の下方海岸 ……………………………………… 48

第3章　渡名喜島の潮間帯

　　渡名喜島の概況 ……………………………………………………… 52
　1　あがり浜とアンジェーラ浜海岸 ………………………………… 53
　2　めがね岩前の海岸 ………………………………………………… 59
　3　高田浜海岸 ………………………………………………………… 64

第4章　阿嘉島の潮間帯

　1　ニシバマビーチ海岸 ……………………………………………… 74
　　海藻分布の特徴 ……………………………………………………… 77
　2　クシバル海岸 ……………………………………………………… 77

第5章　久高島の潮間帯 ……………………………………………… 84

第6章　津堅島の潮間帯 ……………………………………………… 100

第7章　伊江島の潮間帯
島の地形・地質の概説 ……………………………………………………… 114

第8章　伊是名島の潮間帯
島の地形と地質 ……………………………………………………………… 128
伊是名城跡前の海岸 ………………………………………………………… 129
伊是名ビーチ潮間帯と勢理客ビーチの潮間帯 …………………………… 137
内花公園前の潮間帯 ………………………………………………………… 139
真手茶海岸の潮間帯 ………………………………………………………… 143

索引 …………………………………………………………………………… 151

参考文献 ……………………………………………………………………… 157

あとがき ……………………………………………………………………… 158

第1章
久米島の潮間帯

久米島の海岸状況

　久米島は那覇から西に90kmの海上にあり、飛行機では30分〜45分、船では約4時間の路程である。海岸地形を視ると沖縄本島のように陸地海岸からサンゴ石灰岩基盤の礁原が続きそしてラグーン（礁池）、外礁、外洋とつながる典型的なものでなく、海岸の地質が大きく関係していると推察される。

　島は嘉手刈と下阿嘉で結ぶ構造線の「久米断層」を界にして地質が大きく異なる。断層より南（儀間―阿良岳―トクジム岬）には凝灰角礫岩や溶岩類の「阿良岳層」が大部分を占める（写真1）。断層から北（上阿嘉―宇江城岳―仲村渠―西銘）には安山岩溶岩、凝灰角礫岩、玄武岩溶岩の「宇江城層」が占めている（写真2）。

　一方、北西（北原―大原）には石灰岩及び礫の「琉球層群」が海岸地域まで広がっている。このような地層の変化を持った海岸の潮間帯は本島にみられる典型的な裾礁を示す潮間帯には見られない。

　島の海岸線を見ると、空港の北側（下阿嘉―西銘崎）は離水サンゴ礁が発達して満潮線は急な深みとなり、礁原は海藻の生育に乏しい。また琉球サンゴ石灰岩で形成されたイリビシのような場所ではサンゴ礁が岸から離れ（写真3）、そのため潮間帯を徒歩で安全に観察のすることは難しい。

　歩いて観察ができる潮間帯を示してみると空港近くで、イリビシ石灰岩の外礁内側にあるシンリ浜や、島尻から銭田にかけるサンゴ礁潮間帯、銭田から奥武島に至るイーフビーチ海岸、それに常に北風で発生した荒波を絶えず受ける真謝の黒岩海岸の潮間帯を挙げることができる。

写真1
安山岩で構成された
トクジム海岸

久米島

写真2
宇江城層の黒石グスク下方の海岸

写真3
離岸した沖合いの離水サンゴ礁（イリビシ石灰岩）

1 シンリ浜海岸

　久米島空港から海岸沿いに南東へ農道を1～2km歩くと、シンリ浜公園がある。公園を海側に降りると広く東に伸びる白い砂浜がある。沖合の離水したサンゴ礁（イリビシ石灰岩）に囲まれている海水域は、兼城港入り口から空港沿岸に至る細長い内湾となっている。内湾は遠浅で、砂浜との間に砂底質の潮間帯を形成する。潮が引くと写真（5）の様にサンゴ礁が一面に顔をのぞかせる。

写真4
久米島空港の前に広がるシンリ浜の潮間帯

写真5
潮が引いて顔をのぞかせたサンゴ石灰岩の岩礁

久米島

写真6
波打ち際のヒトエグサ（緑藻類）

写真7
波打ち際のアオモグサ（緑藻類）

写真8
波で打ち寄せられたカゴメノリ（褐藻類）とアナアオサ（緑藻類）

写真9
アオモグサ（緑藻類）に混在する茶色のウブゲグサ（紅藻類）

写真10
岩底にしがみつくように生育するキッコウグサ（緑藻類）

写真11
緑藻類だが乳白色のリュウキュウガサ

久米島

写真12
遠浅の広い砂質底にはリュウキュウスガモの藻場が広がっている。春先にはアオモグサ（緑藻類）も混在する

写真13
離水した波打ち際のイリビシ石灰岩に、石材を切出した痕跡が残っている

写真14
シンリ浜の海側には
イリビシ石灰岩をつ
くる巨大な死滅サン
ゴ群体が見られる

写真15
砂浜に見られる死滅
エダサンゴ

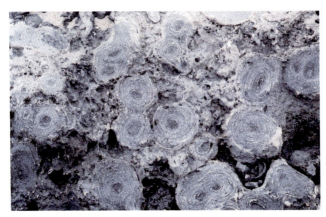

写真16
固形化して石灰岩と
なったエダサンゴの
成長年輪の化石

写真17
砂浜の石灰岩礁に根を下ろして生育しているイソマツ(イソマツ科)

写真18
上記と同じ岩礁上に生育する海浜植物のモクビャッコウ(キク科)

写真19
内陸からの伏水が潮間帯の上部で湧水となり噴出している

2 アーラ浜海岸

　儀間集落からトクジムへの半島沿いの海岸。後背地には阿良岳の丘陵地が広がる。いつもは流水のない枯れ川の河口に砂浜が形成されている。裾礁の発達はなく、河口からラグーン（礁池）を挟んで沖合100〜200mにリーフ（外礁）が連なる。そのため最干潮時にも潮間帯が姿を現さず、海藻の観察には不適な場所となっている。写真（20,21）のように儀間層の露頭が潮間帯の左右の海岸に見られる。

写真20
浜の北側

写真21
浜の南側。後背地は阿良岳に続く

3 トクジム海岸

　島尻集落から島尻岬に向かって自然公園寄りに進み、東側海岸に出るとそこがトクジム海岸である。久米島の景勝地として、1972年に町指定名勝地・天然記念物に指定されている。海岸一帯は安山岩が散在し（写真22）、サンゴ石灰岩の裾礁の潮間帯と比較するとおもむきを異にしている。

　潮間帯は砂底と安山岩等の大小の岩が多いので、海藻の生育に乏しい。

写真22
トクジム海岸の先端にある島尻岬。その潮間帯は溶岩を基盤とする

写真23
安山岩で構成されたトクジム海岸

写真24
トクジム海岸から北東側のイーフビーチや奥武島方面を見る

写真25
トクジム海岸の火成岩に特徴的なタマネギ状の風化が見られる

写真26
潮間帯の溶岩塊の陰に生育しているカビシオグサ（緑藻類）

3 島尻海岸

　銭田集落より、県道245号を島尻集落に向かって約1km進んだ道沿いに幅の狭い裾礁がある。安全で歩きやすい潮間帯で、礁原はサンゴ石灰岩である。山手からの陸水の流れ込みもあり緑藻（アナアオサ）の生育がよい。

　南は島尻崎へ、北東部はイーフビーチや奥武島に続いている。海岸は波も穏やかで礁原の高低差も小さいので海藻の生育場として良い環境である。

写真27
潮間帯から南方（島尻崎）を見る

写真28
潮間帯から北東部のイーフビーチを見る

写真29
潮間帯上部のヒトエグサ（緑藻類）

写真30
潮間帯上部の浅い潮溜まりのアナアオサ（緑藻類）

写真31
潮間帯上部で砂の堆積している場所にはヒメイチョウ（緑藻類）が見られる

久米島

写真32
潮間帯中部の潮溜まりに見られるソデガラミ（紅藻類）とアナアオサ（緑藻類）

写真33
潮間帯中部の砂の積もった潮溜まりで見られるウチワサボテングサ（緑藻類）とガラガラ（紅藻類）

写真34
潮間帯下部のホソバナミノハナ(紅藻類)

写真35
潮間帯下部のガラガラ（紅藻類）

写真36
礁縁部のラッパモク（褐藻類）

写真37
礁縁部のサンゴモ科（紅藻類）

5 イーフビーチ海岸

　1966年に「日本の渚・百選」に選ばれた、浜の幅約20m余、1kmに渡る白い砂浜である。県内で見られる遠浅海岸は砂浜からそのまま砂質底が沖合まで広がる海底が多いが、イーフビーチ海岸は波打ち際から約10m沖合にいつもは沈水しているサンゴ礁があり、大潮の時に干上がると礁原がはっきりと見えてくる。このように干満があることで、海藻の生育が良い状況と考える。島内でも海藻の種類が多く、生育状況も良い潮間帯と言える。

写真38
真っ白な砂浜が奥武島の近くまで続いている

写真39
ビーチ入り口の記念のモニュメント

写真40
潮間帯の中央から南東方面(奥武島)を見る

写真41
ビーチの中央にはホテルがある

写真42
砂浜の中央からアーラ岳方面を見る

写真43
波打ち際のサンゴ片に着生しているアナアオサ（緑藻類）

写真44
波打ち際の礁原上部に見られるマクリ（紅藻類）。細かい砂や泥を被っている

写真45
礁原上部の潮溜まりにヨレヅタ（緑藻類）が生育している

写真46
礁原上部の潮溜まりに生育するビャクシンヅタ（緑藻類）

写真47
礁原上部の潮溜まりに生育するトゲノリ（紅藻類）

写真48
礁原上部の潮溜まりに生育するウスユキウチワ（褐藻類）

写真49
礁原上部の砂の多い底質で見られるフシクレノリ（紅藻類）

写真50
左側の緑の藻はカイメンソウ海水中の赤い藻はガラガラ（紅藻類）

写真51
半分水に浸かったソデガラミ（紅藻類）上部の緑藻類はキッコウグサ

写真52
遊走子の放出で先の方が白化したと考えられるカイメンソウ

写真53
潮溜まりの砂や死んだサンゴ片の堆積した底質で見られるコサボテングサ（緑藻類）

写真54
礁原の縁に見られるフタエモク（褐藻類）

写真55
潮溜まりの砂底質に生育しているリュウキュウアマモ属の海草

写真56
潮間帯上部の砂底質に生育しているウミヒルモ属の海草

写真57
アマモ属の海草と混在している葉が棒状のボウバアマモ

写真58
潮間帯上部の砂底質に生育しているマツバウミジグサ（海草）

写真59
盛り上がった潮間帯中部の礁原で見られるハイコナハダ（紅藻類）

写真60
潮間帯の礁原ではホンダワラの仲間が枯れ残って若い仮茎を伸ばしている

6 黒石森（クルイシムイ）下方の海岸

　真謝集落から阿嘉集落へ県道を北上すると、右側に久米島紬展示資料館がある。傍の村道を北東へとさらに進んだ地点に耕作地があり、その先の黒石森の丘陵に続く。丘陵地から下ると、そこには年中波の荒い海岸となっている。海岸の北方は写真（61）のように断崖に阻まれて、南方は離水隆起サンゴ石灰岩礁が真謝集落の方角まで続く。離水した場所は陸地となり、ミズガンピ、ソナレシバ、モクビャツコウ、ハマアザミなどが群生している。潮間帯は火山岩系の基盤で平坦な礁原となっている。荒波が浸食した所々が潮溜まりとなり、そこには多様な海藻が生育している。

写真61
北側は黒石森の溶岩丘陵が海に落ち込む

写真62
左奥に干潮時に渡ることが出来る岩場が見える

写真63
「黒石森」名称由来の岩石と周辺基盤を形成するサンゴ石灰岩

写真64
無節サンゴモ類と緑藻類のマユハキモ

写真65
無節サンゴモの仲間に囲まれた黒緑色のタマバロニア（緑藻類）

写真66
ソフトコーラル（腔腸動物）が多く見られる

写真67
潮溜まりの縁にホソバナミノハナ（紅藻類）

写真68
遊走子を放出した後の先端部が消失しているウチワサボテングサ（緑藻類）

写真69
潮溜まりの動物サンゴの間に生育するタカツキヅタ（緑藻類）

写真70
潮溜まりの縁で海水中に見えるヒラサボテングサ（緑藻類）

写真71
カイメンソウの生育集団

久米島

写真72
サンゴ石灰岩の礁原で見られる大きなイソアワモチ（軟体動物）

写真73
潮間帯から続く離水隆起サンゴ海岸原野に咲くイリオモテアザミ（キク科）

35

第2章
粟国島の潮間帯

島の概況

　島に入港する定期船から島をみると、模式図のように島の西側のマハナ（約95mの高台）から東側の長浜ビーチ（ウーグの浜）にかけてゆっくりとした傾斜している地形となっている。洞寺のある付近の北海岸から港のある南海岸近くまでの陸地はサンゴ石灰岩が基盤となっている。また、筆の崎から西ヤマトゥガーには、白色凝灰岩の海崖がそそり立って、目を見張る景観になっている。集落から長浜ビーチに至っては低地の平坦部となり、サトウキビやアワ（粟）の耕作地が広がっている。

写真74
集落から西の方角（筆の崎）

写真75
集落から東の方角（長浜ビーチ）

1 長浜ビーチ海岸の潮間帯

　粟国港から漁港へ向かう周縁道路の中間あたりに長浜ビーチがある。地元で「ウーグの浜」と呼ばれるサンゴが造り出した白い美しい浜が1kmほど続いている。大潮の時には、浜に並行にサンゴ礁原が南北に広がり伸びる（写真76）。隆起石灰岩が突出した潮間帯上部には、ヒトエグサやアナアオサが早い時期（1月、2月）に出現する。潮間帯中部の広い場所では、アオモグサが絨毯を敷いたように密集して生育する。潮間帯下部には沖縄で広く見られるカギケノリが見られ、礁原・礁縁部にはキッコウグサが生育している。

写真76
長浜ビーチを奥に見る潮間帯

写真77
長浜ビーチ

写真78
サンゴ礁原の上部に生育する緑藻類のヒトエグサとアナアオサ

写真79
潮間帯上部のヒトエグサ（緑藻類）

写真80
潮間帯中部ではアオモグサ（緑藻類）が広い範囲に見られる

粟国島

写真81
ふんわり、フカフカした小塊状のアオモグサ（緑藻類）

写真82
潮間帯上部の潮をあまり被らない場所に生育するハナフノリ（紅藻類）

写真83
潮間帯上部で見られるシマテングサ（紅藻類）

写真84
潮間帯で大潮の際に干上がる場所で見られるコナハダの仲間（紅藻類）

写真85
潮間帯の広い範囲で見られるキッコウグサ（緑藻類）

写真86
礁原の潮溜まりで堆積した砂底に生育するサボテングサの仲間

粟国島

写真87
礁原で砂の堆積している場所に見られるマクリ（方言名ナチョウラ）

写真88
潮間帯下部やタイドプールでみられるマユハキモ（緑藻類）

写真89
潮間帯下部の深い場所で見られるカギケノリ（紅藻類）

写真90
ビーチの中間あたりでは、潮の満ち引きで削られた小規模な海食台が見られる

写真91
内陸部と続く海食台は今も風化や浸食が進行しいて、3段階に見られる。1段目の潮間帯上部にはヒトエグサ（緑藻類）が見られる

写真92
上部が海水面と接し円卓状になった大きなサンゴ塊（マイクロアトール）。それ一つで生態系をつくるとされる

2 西ヤマトゥガー海岸（ヤヒジャ海岸）

　粟国港から西方の「筆の崎」までは、かっての火山活動で形成された陸地海岸である。そこの基盤は凝灰岩や凝灰角礫岩、溶岩等で構成されている。サンゴ石灰岩礁原と異なる溶岩塊があちらこちらに転がる礁原で、硬い岩礁の潮間帯となっている。

　岬に打ち付ける波が荒いため藻類の生育は少なく、岩底にしがみつくように固着する生育状況がみられる。サンゴ礁原と違い足元は滑り易く、観察に気をつける必要があるが、地質観察をするには適した潮間帯といえる。

写真93
白色凝灰岩の海崖と潮間帯

写真94
東ヤマトゥガー方面の溶岩

写真95
溶岩底の潮間帯。沖には渡名喜島が見える

写真96
タマネギ状に風化した赤色凝灰岩

写真97
潮間帯上部のハイテングサ(紅藻類)か、イソダンツウ(紅藻類)

粟国島

写真98
溶岩塊が点在する潮間帯上部に見られるヒトエグサの幼体（緑藻類）

写真99
小さな窪地に見られるシオグサの仲間（緑藻類）

写真100
わずかに砂の堆積した場所で見られたヨレヅタ（緑藻類）

3 沖縄海塩研究所の下方海岸

　村役場近くから島の北へ真っすぐ伸びる道を行くと、海岸に行き着く。そこに特別な製法で、「粟国の塩」を造る工場があり、その下方に北からの風と荒い波が押し寄せる海岸が広がる。隆起サンゴ石灰岩が海岸線をつくり、満潮時に押し寄せる波が激しく陸地側の岩礁にぶつかることで荒々しい景観を持つ「海食台」の潮間帯を形成している。

　塩工場が海水取水する場所には砂が堆積しているが波が強いためか砂浜海岸に発達することなく、写真（101,102）のように広い海食台の潮間帯となっている。そのため大潮の時以外では足場が悪く、観察にはあまり適さない。

写真101
海塩研究所下方に広がる海食台の潮間帯

写真102
海食台潮間帯から東方を見る

粟国島

写真103
海食台潮間帯から西方をみる

写真104
海食台海岸で見られるモンパノキ（ムラサキ科）の花

写真105
海食台海岸で見られるテンノウメ（バラ科）の花

第3章
渡名喜島の潮間帯

島の概況

　集落を挟んで北側は火成岩系の地質で、西森（146m）の山がある。南側は古生代の地層で義中山（136.9m）、大岳（176.1m）、オモ岳（150.6m）とどっちも100m越えの山々を形成している。

　島の東側では、シドの崎とヲモの崎の間が内湾状になっていてあがり浜、アンジェーラ浜で潮間帯が見られる。島の西側の港からナガバラ崎の間には、陸側に沿って潮間帯が広がり、石灰岩の礁原が見られる。さらに、南側の海岸は古生層の山々が急に海に落ち込む海崖となっている。

写真106
平坦部の集落を挟んで右側が火成岩系の西森、左側が古生代地層の義中山

写真107
あがり浜と西森

1 あがり浜とアンジェーラ（安在良）浜海岸

　島の東側にあるシドの崎からヲモの崎に囲まれた大きな内湾の基部で潮間帯を持つ二つの海岸。あがり浜は白い砂浜が広がり、干潮時には写真（106）の様に砂底質の遠浅となる。地元の渡名喜小中学校は1919（大正8年）からこの浜で伝統の「水上運動会」を行なっていて、多くの村民が参加する風物詩となっている。

　アンジェーラ浜は東西に長く続く白い砂浜で、潮間帯は、古生層石灰岩を基盤とする。サンゴ礁原は分散して見られる程度。両海岸とも潮の干満の差は大きく、干潮時には海藻の観察に適した潮間帯となる。

写真108
大潮で干上がった「あがり浜」。奥の白い砂浜が「アンジェーラ浜」

写真109
あがり浜から見るシドの崎

写真110
アンジェーラ浜の東側の潮間帯ではヒトエグサ（方言名アーサ）の養殖網が張られている

写真111
アンジェーラ浜のヲモ崎側の潮間帯

写真112
アンジェーラ浜の潮間帯上部ヘリトリアオリガイ（軟体動物）とアナアオサとヒトエグサの幼体

写真113
礁原で見られるアオモグサ（緑藻類）

写真114
キッコウグサ（緑藻類）が岩底にへばりつく様に生育する。周辺には海草がみえる

写真115
ミズタマ（緑藻類）が身を寄せ合うように群生している

写真116
砂が堆積している礁原に海草のマツバウミジグサ(ウミヒルモ科)が見られる

写真117
砂底質である場所ではタマバロニア(緑藻類)が見られる

写真118
小さな潮溜まりの縁に生育しているヨレヅタ(緑藻類)

写真119
潮間帯上部のカゴメノリ（褐藻類）

写真120
潮間帯中部にはウスユキウチワ（褐藻類）が多く見られる

写真121
潮間帯の上部から中部にかけて生育しているマクリ（俗称海人草）

写真122
砂浜ではハマヒルガオ（ヒルガオ科）が可憐に咲いていた

写真123
鮮やかに咲く村花カワラナデシコと薄紫色の花を付けたイリオモテアザミ

写真124
砂浜より陸地側のアダンやオオハマボの下でひっそりと咲くショウジョウソウ（トウダイグサ科）

2 めがね岩前の海岸

　あがり浜からシドの崎に徒歩で500m進むと、地元でアマチチと呼ばれる海岸がある。そこには、結晶質石灰岩の岩が海に突き出ており、二つの穴が開いているので「めがね岩」と呼ばれている。その付近は写真（127）のように、サンゴ礁原の潮間帯が広がっている。広い礁原には小さな潮溜りが多くあり、浅い場所では砂が堆積しており、海草の生育状態も良い。広い潮間帯は外洋のリーフに守られた海藻の生育にはよい海岸である。

写真125
中央の灰白色の海の方向へ飛び出している岩が「めがね岩」と呼ばれている

写真126
「めがね岩」をすぎた潮間帯から

写真127
「めがね岩」をすぎた広い潮間帯

写真128
「めがね岩」をつくる結晶質石灰岩

写真129
「めがね岩」をすぎた場所にできているビーチ・ロック。構成は火成岩系の円礫、角小礫で、普通のビーチ・ロックのようにサンゴ片が見つからない

写真130
礁原に砂の堆積している所にヨレヅタ（緑藻類）。黄色の藻体部は胞子（遊走子）を放出している

写真131
砂が堆積している所にセンナリヅタ（緑藻類）

写真132
小さな潮溜まりにビャクシンヅタ（緑藻類）

写真133
潮溜まりに海草とカイメンソウ

写真134
潮溜まりの海草とマクリ（紅藻類）

写真135
小さな潮溜まりの砂底にマガタマモ（緑藻類）が多く生育する

写真136
礁原で鮮やかな緑色を見せるフデノホ（緑藻類）

写真137
砂質底で海草と一緒に生育が見られるウスユキウチワ（褐藻類）

写真138
砂質底で見られるウミヒルモ（ウミショウブ科）

3 高田浜海岸

　渡名喜港から南のナガバラ崎に向かって行く途中に塵焼却所の白い建物のある場所に着く、そこが砂浜とサンゴ礁原を持つ高田浜海岸である。もっと詳しく見ると、潮間帯の礁原は古生層石灰岩の海食の平坦部にサンゴやサンゴ細粉砕物等の堆積がおこなわれて形成されている。陸地側に砂浜があり、浪打ち際は砂底質となりさらに沖合いに続いてサンゴ由来の礁原となる。小さな潮溜まりが沢山あり、そこに砂の堆積もあって海草が多く生育している。

写真139
定期船が島に近づく時に最初に目に付く建物でそこの場所が高田浜海岸である

写真140
潮間帯から左側（渡名喜港）を見る

写真141
潮間帯中央から南側を撮る

写真142
潮間帯上部の時期おくれのアナアオサ（緑藻類）

写真143
潮間帯上部のシマテングサ（紅藻類）

渡名喜島

写真144
潮間帯の礁原で多く見られるキッコウグサ（緑藻類）

写真145
砂底質で見られるヒメイチョウ（緑藻類）

写真146
礫が多いところであるがタマバロニア（緑藻類）

写真147
カサノリとちがって灰白色のリュウキュウガサも見られる

写真148
潮溜まりの縁に先端は緑色だが基部は白色が目につくフデノホ（緑藻類）

写真149
潮間帯の広い範囲で見られるマクリ（方言名ナチョウラ）

写真150
潮溜まりの淵側にヒラサボテングサ（緑藻類）が見られる

写真151
砂質底の潮溜まりで見られるヨレヅタ（緑藻類）

写真152
粗い粒やサンゴ片のある砂質底に海草のリュウキュウスガモ

写真153
潮溜まりの底で見られるスジコナハダ（紅藻類）

写真154
潮溜まりのガラガラ（紅藻類）

写真155
潮溜まりのへりに生育しているキツネノオ（緑藻類）

第4章
阿嘉島の潮間帯

那覇から西へ約30km、大小20余りの島々からなる慶良間諸島の中に阿嘉島がある。南側に位置する慶留間島や空港のある外地島とは阿嘉大橋、慶留間橋で結ばれており、一繋がりの島の様になっている。

　島々を形成する地質は緑色変成岩層、砂岩層と黒色変成岩層が見られる。構造は南西に傾斜している。地形は沈降海岸で、３島の北西側は断崖が海に落ち込んでいる。阿嘉島の南東側には、白い砂が細長く堆積したニシバマビーチがある。

写真156
阿嘉大橋から漁港とサクバル奇岩群を見る

写真157
マエハマの白い砂浜とビーチロック。その背後には阿嘉大橋が高くそびえる

写真158
集落前には白い砂浜が広がる

写真159
砂浜の中にビーチロックが形成されている

写真160
ビーチロックの外側にはサンゴが見られ、さらに深みの砂底には海草のリュウキュウスガモが生育している

阿嘉島

写真161
入り口に国立公園の石碑があるニシバマビーチ

写真162
長い砂浜の中間にビーチロックがある。遠くに端崎の岬が見える

写真163
ニシバマビーチのなかほどから左奥に黒崎、右奥に嘉比島が見える

写真164
海水の被らない砂浜にはケラマジカの糞が見られる

写真165
海水浴客が砂浜に遊ぶニシバマビーチ

写真166
天城展望台近くの狭い砂浜のヒズシビーチ

阿嘉島

写真167
ヒズシビーチ前の海岸地形と名護層の岩層

写真168
アグビーチ湾に浮かぶレジャーボートの手前に見える岩層

写真169
クシバル展望台から東側に見える変成岩の海岸

海藻分布の特徴

　慶良間諸島は沈降地形とされ、隆起サンゴ石灰岩地形は見られない。阿嘉島や座間味島など主な有人島の北〜北東側は険しい海岸断崖が海に落ち込み、西〜南側は入り江になっていて、きれいなビーチが広がる。ビーチは陸地の砂丘から広く、長い砂浜がそのまま海に至り、深部にサンゴ群集が発達する海底へと続いている。この様な形状の潮間帯なので、海食台の礁原やビーチロックの縁に海藻の生育が見られる。
＜後原海岸＞

写真170
クシバルビーチ入り口と礁原

写真171
クシバルビーチの礁原と西側のクンシの岬

写真172
クンシ沖の岩場を最干潮前の礁原から見る

写真173
屋嘉比島を干上がった礁原から見る

写真174
儀名崎と伊釈加釈島を干上がった広い礁原から見る

写真175
ヨレヅタ（緑藻類）

写真176
礁原の中央で見られるハイコナハダ（紅藻類）

写真177
小さな潮溜まりにウスユキウチワ（褐藻類）が見られる

写真178
礁原で砂が溜まっている所に生育しているタマバロニア（緑藻類）

写真179
潮溜まりで砂の堆積した所にウスユキウチワ（褐藻類）と乳白色のフデノホ（緑藻類）が見られる

写真180
礁原にべったりと張り付くように生育し、一体となって見えるマクリ（紅藻類）

写真181
端崎側から右手奥に慶留間島の北海岸を見る

写真182
海藻は見られず石だらけの端崎南側の潮間帯

写真183
ランソウモドキ（ランソウモドキ科）が多くの石に見られる

阿嘉島

写真184
慶留間橋から学校や漁港が見える

写真185
外地島の国立公園碑の裏側に変成岩層露頭が見える

外地島のケラマ空港

第5章
久高島の潮間帯

南城市安座間港から船で約25分、太平洋向けに進むと、細長い隆起サンゴ石灰岩の小島が見えてくる。島南西の徳仁港を基点に集落が広がり、北東のカベール岬に到る形状が特徴的だ。

　島の北側はほとんどが、隆起石灰岩の海崖で、崖の切れる場所に小規模の砂浜（写真194）が出現している。南側はカベール岬から徳仁港までの4km以上の長いリーフが伸び、穏やかな潮間帯が形成されている。陸地から広がる礁原、イノー（礁池）、外礁、そして外洋に繋がる典型的な「沖縄の潮間帯」となっている。

写真186
島の北東端のカベール岬。大潮で干上がると広い礁原が見られる

写真187
岬の下には砂の堆積があり、サンゴ礁原がある

写真188
島の南側沿岸の岩場の途切れた所に浜があり、北東には「星砂の浜」ウパーマがある

写真189
中間に位置する伊敷浜は、作物の種が入った壺が流れ着いたとの言い伝えがある

写真190
集落と徳仁港に近いピザ浜

久高島

写真191
海岸線は、陸地側が隆起サンゴ石灰岩、礁原が琉球サンゴ石灰岩で形成され、その間に薄いピンク色をした砂岩質の石灰岩が見られる

写真192
砂岩質の石灰岩で、色合いはピンク色である

写真193
サンゴ化石やサンゴ片は見られず砂質粒子で形成されている

写真194
島の北側の海崖は急激に落ち込んでいる。大潮の時に砂浜の存在が分かる

写真195
北海岸の陸地には海岸植物のモクビャッコウ、クラトベラなどが見られる

写真196
南側と異なり、北海岸は岩場が続く荒々しい海岸線となっている

久高島

写真197
北海岸は久高漁港近くからカベール岬まで険しい海岸線が続く

写真198
島の西側の徳仁港に近い潮間帯にはビーチロックが見られ、上面に緑藻類が生育している

写真199
徳仁港近くの潮間帯で見られるビーチロックの礁原

写真200
潮間帯上部のヒトエグサ（濃緑色）とアナアオサ（黄緑色）の幼体

写真201
わずかに海水が被る潮間帯上部に生育するヒトエグサ（緑藻類）

写真202
潮間帯上部に見られるアオモグサ（緑藻類）

写真203
潮間帯上部の砂溜まりに見られるビャクシンヅタ（緑藻類）

写真204
礁原のミズタマ（緑藻類）

写真205
礁原に見られるウスガサネ（緑藻類）

写真206
タイドプールの側壁にウスユキウチワ（褐藻類）とリュウキュウガサ（緑藻類）

写真207
潮間帯下部のウチワサボテングサ（緑藻類）

写真208
潮間帯下部で見られるキッコウグサ（緑藻類）

写真209
潮間帯下部の礁原の浅い潮溜まりに見られるモツレミル（緑藻類）

写真210
潮間帯上部の広く浅い潮溜まりに生育するシマテングサ（紅藻類）

写真211
潮間帯上部の潮溜まりに見られるトゲノリ（紅藻類）

写真212
潮藻類が枯れる夏の時期に仮根から芽吹いたホンダワラの幼体

写真213
礁原のカゴメノリ（褐藻類）

写真214
潮間帯下部で見られるカギケノリ（紅藻類）

久高島

写真215
礁原で残った仮根から芽を出しているマクリ（紅藻類）

写真216
礁原を被っているカゴメノリとウミウチワ（褐藻類）

写真217
礁原のウスユキウチワ（褐藻類）

写真218
潮溜まり側壁にソデガラミ（紅藻類）が見られる

写真219
干上がった潮溜まりにソゾ（紅藻類）の仲間が成育している

写真220
礁原の潮溜まりにコノハダ（紅藻類）が見られる

久高島

写真221
礁原にある深い潮溜まりに見られるイシノハナ（紅藻類）

写真222
礁原基底の銭石(マーギノポーラ)

写真223
波打ち際で、砂質のリーフの基盤に見られる円形の穴（ポットホール）

写真224
カベール岬の隆起石灰岩に直径約1mの大きさのサンゴ化石が見られる。その表面に緑白色のモクビャッコウ（キク科）が生育している

写真225
南城市の天然記念物に指定されている「伊敷浜の植物群落」で見られるミズガンピ群落

第6章
津堅島の潮間帯

与勝半島沖には平安座島、宮城島、伊計島、浜比嘉島、津堅島の5つの有人島が点在する。現在、津堅島を除く4島は橋で結ばれている。

　津堅島はうるま市勝連の平敷屋港から定期船に乗り、20～30分で行ける隆起サンゴ石灰岩で形成された島である。島の地形は学校のある南西部が海抜37.5mと小高く、他の地域は平坦な耕作地となっている。ニンジンに代表される農業や浅海での養殖も盛んで、オキナワモズク（褐藻類）が島の主な産物である。

写真226
強固なコンクリート堤防に囲まれた漁港がある島南東側のアギ浜

写真227
アギ浜の東端。コンクリート堤防で守られている

写真228
アギ浜の潮間帯上部の礁原

写真229
樹木の生えた岩石部は隆起サンゴ石灰岩で、写真の露頭は砂岩質の岩

写真230
砂粒や小石で構成された岩

津堅島

写真231
ワナ浜からワナ岬を見る

写真232
キガ浜は砂浜から沖へとサンゴ石灰岩の礁原が続いている

写真233
ニシクワーチン浜の石灰岩の出っ張りと海食台の礁原

写真234
潮間帯中部のハイコナハダ（紅藻類）

写真235
潮溜まりに見られるウミウチワ（褐藻類）の仲間

写真236
礁原の切れ目に確認できたキッコウグサ（緑藻類）と小さな巻貝の群

津堅島

写真237
ヤジリ浜から本島のホワイトビーチを見る

写真238
ヤジリ浜から東方角(ワナ岬)を見る

写真239
ヤジリ浜の砂浜と海食礁原から沖合の無人島のアフ岩を見る

写真240
ヤジリ浜の海食礁原からアフ岩を見る。礁原に潮溜まりが見られる

写真241
ヤジリ浜から大潮の時にはアフ岩に歩いて渡れる

写真242
ヤジリ浜の東側の出っ張りに波に侵食された岩(ノッチ)があり、コケモドキ(紅藻類)がへばりついて生育している

津堅島

写真243
ヤジリ浜礁原にあるタイドプールにはヤバネモク（褐藻類）が多く生育している

写真244
ヤジリ浜の礁原に残った仮根から新しい芽を出したホンダワラの仲間

写真245
ヤジリ浜の礁原にある砂が堆積したタイドプール内にヤバネモクやウスユキウチワなど褐藻類が群落を形成して生育している

写真246
礁原に見られるキッコウグサ（緑藻類）

写真247
タイドプール内で砂を被っているマクリ（方言名ナチョウラ）

写真248
ヤバネモク（褐藻類）とウミウチワ（褐藻類）の群落

津堅島

写真249
打ち上げられたナガミル（緑藻類）

写真250
石灰の沈着度合いの違いにより色合いが異なるウミウチワ類

写真251
波をあまり被らない礁原の突出した場所にハイコナハダ（紅藻類）が見られる

写真252
潮間帯下部に打ち寄せられたホンダワラの仲間（褐藻類）

写真253
礁原のムクキッコウグサ（緑藻類）

写真254
潮間帯下部にホンダワラの仲間が砂を被って成育している

津堅島

写真255
礁原のタイドプールに見られるセンナリツタ（緑藻類）

写真256
潮間帯下部のイシノハナ（紅藻類）とカイメンソウ

写真257
トマリ浜の南側にはビーチロックが広い範囲に見られる

写真258
トマリ浜の南西側（クボウグスク側）の浜にもビーチロックが確認できる

写真259
トマリ浜の北側。ヒガ岬を遠くに見る

写真260
トマリ浜の陸上近くで、ショウジョウソウ（トウダイグサ科）を見る

第7章
伊江島の潮間帯

＜島の地形・地質の概説＞

　島の基盤のチャート（硅岩）に乗った隆起サンゴ石灰岩が陸地面を形成している。そのチャートが地表に出現しているのが城山（イエジマタッチュー）と、島の北海岸の湧出（ワジ）に赤色の褶曲した岩脈が見られる。

　周辺の島々の瀬底島、古宇利島、水納島と同様に隆起サンゴ石灰岩の島である。

　島の北側は落差のある隆起サンゴ石灰岩の断崖となっており、島の前面（南側）海岸には砂浜が続いている。島の東側（本部半島備瀬側）と西側には細長い弓なりの外礁が伸びて、それに囲まれる内側にはイノー（礁池）が波静かさを保っている。

　北海岸の中ほどに「湧出」と呼ばれ、地下水が海へ伏流する場所があり礁原が発達して海藻の生育場所として良い環境である。満潮時には波が荒く危険な場所であり注意の必要な場所になる。

＜島の地形模式図とポイント＞

　場所　①湧出海岸　②ＪＡ牧場前の海岸　③東海岸の外礁が伸びる場所
　　　　④島の南側の砂浜海岸

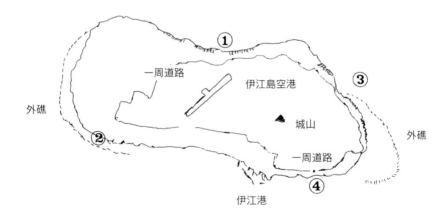

写真261　湧出展望台より海岸の潮間帯中央からの東西方向を見る

伊江島

写真262
湧出海岸の潮間帯中央から東方向を見る

写真263
湧出海岸の礁原中央から西方向を見る

写真264
湧出海岸展望台から、下方の荒れた日の礁原を見る

写真265
湧出の中央あたりの海岸、むき出しに現れている母岩のチャートの赤色岩

写真266
波穏やかな時の湧出海岸の礁原

写真267
波穏やかな時の湧出海岸の礁原で釣りをする人

伊江島

写真268　湧出海岸の地下水の伏流水が海への湧き出し

写真269　地下水の流れ出しの場所に赤茶色の紅藻類や緑色の緑藻類

写真270
紅藻類のイソダンツウと思われる藻類

写真271
アナアオサ幼体が春をまって成長しようとしている

写真272
紅藻類のハイテングサが潮間帯上部にビッシリと岩面について生育している

写真273
ＪＡ牧場前の海岸は砂浜が広がっていて、ビーチ・ロックが見られる

写真274
そこの砂浜から海に伸びる砂底質にウスユキウチワ（褐藻類）が見られる

写真275
同じく、アナアオサの幼体が見られる

写真276
紅藻類のソゾの仲間

写真277
紅藻類のフシクレノリ

写真278
褐藻類のアミジグサ

伊江島

写真279
東海岸で外礁が伸び
る、その付根の陸地側

写真280
対岸の本部海洋博覧
公園が遠くに見える

写真281
修学旅行生が体験学
習で、イノー（礁
池）を歩いて外礁に
向かって進んでいる

写真282
潮溜まりの砂底質にマガタマモ（緑藻類）が見られる

写真283
潮溜まりにマユハキモ（緑藻類）が見られる

写真284
潮溜まりにセンナリヅタ（緑藻類）が見られる

伊江島

写真285
藻体の上部が流失しているキッコウグサ（緑藻類）が多く見られる

写真286
礁原のくぼ地に砂が留まりリュウキュウスガモ（海草）が生育している

写真287
礁原の波が穏やかな所にカイメンソウが見られる

写真288
南海岸は広い砂浜が発達して、ところどころにビーチ・ロックの発達が見られる

写真289
南海岸は広い砂浜が見られ、陸地に向かって、海浜植物群落の発達がみられる

伊江島

写真290
代表的な植物には、イネ科のツキイゲ群落が見られる

写真291
其の他にはグンバイヒルガオ（ヒルガオ科）や黄色の花を付けるハマアズキ（マメ科）が見られる

第8章
伊是名島の潮間帯

＜島の地形と地質＞

　基盤はチャート（硅岩）でつくられ北東側に、黒色片岩等が見られる。島での高い山の中には「大野山」と「城山」などがある。それらの山々を造っているのが硅岩（チャート）で火打石に使用できるくらい硬い岩石である。これら岩石が地表で見られる場所が、伊是名城跡の岬の海岸で、赤い色した露頭が観察できる（写真301）。そこは侵食された岩台状の潮間帯が陸地部分から続く、そこには小規模のタイドプール状の凹地が多く散在する。

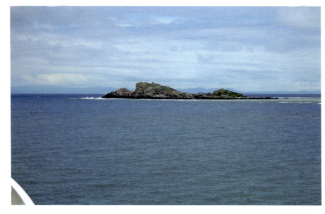

写真294
船より目に入る「降神島」

写真295
伊是名城跡の東側の砂浜海岸と砂底質の潮間帯

写真296
仲田港から見る伊是名城跡

写真297
伊是名城跡北側のチャート海岸

写真298
伊是名城跡北側の潮間帯

伊是名島

写真299
伊是名城跡の砂浜から仲田港方向を見る

写真300
伊是名城跡の岬から仲田港を見る

写真301
伊是名城跡でチャートの露出岩が岬の海岸に見られる

写真302
チャート海岸のヒトエグサ（緑藻類）

写真303
露出チャートの岩面に付着生育しているヒトエグサ（緑藻類）

写真304
チャート海岸の窪地の小石やサンゴ片に付着したヒトエグサ（緑藻類）

写真305
波打ち際のウコンイソマツ（イソマツ科）

写真306
波打ち際のイソフサギ（ヒユ科）

写真307
波打ち際のジシバリ（キク科）

写真308
波打ち際のシロバナミヤコグサ(マメ科)

写真309
波打ち際近くのモンパノキ(ムラサキ科)

写真310
波打ち際近くのハマボッス(サクラソウ科)

写真311
海ギタラと後方の屋那覇島

写真312
海ギタラ付近の潮間帯

写真313
海ギタラ海岸のチャートの海岸

写真314
マッテラの浜北側と海岸植物。陸ギタラの突出岩が見える

写真315
マッテラの浜中央と陸地側にスナヅルとグンバイヒルガオが波打ち際まで生育を広げている

写真316
マッテラの浜の南側

伊是名島

写真317
砂底質にはリュウキュウスガモ(海草)が生育している

写真318
ガラガラ(紅藻類)とコバルトスズメダイの幼魚

写真319
波打ち際まで生育を広げているミルスベリヒユ(ザクロソウ科)

写真320
ピンク色の花を付けたミルスベリヒユ（ザクロソウ科）

＜伊是名ビーチ潮間帯と勢理客ビーチの潮間帯＞

　砂地の陸地から沖合いに伸びている砂質底の遠浅の潮間帯である。陸地側にはグンバイヒルガオ、ハマヒルガオの花を付けている（写真324）穏やかな内湾状況に近い遠浅である。イワヅタ類のセンナリヅタ、ヨレヅタや、イソスギナなどが見られる。

写真321　伊是名ビーチから南西の方角を見る。屋那覇島が近くに見える

写真322
伊是名ビーチの砂浜
の潮間帯

写真323
伊是名ビーチの潮間
帯北側

写真324
伊是名ビーチの砂浜
陸地側のグンバイヒ
ルガオ(ヒルガオ科)

＜内花橋公園前の潮間帯＞

細かいサンゴ片が多く堆積した遠浅でところどころ砂の多い底質がある。固まりのゆるい堆積のある干上がりには（写真328）のように、ハイコナハダが見られる。海水に埋もれる場所では、イワヅタ類のセンナリヅタが生育している。

写真325　内花海岸付近から遠方には伊平屋島

写真326　内花海岸から南の方角を見る

写真327
遠浅の砂底質にアオモグサ（緑藻類）

写真328
遠浅の中程の干上がりに見られるハイコナハダ（紅藻類）

写真329
遠浅の砂底質に見られるマクリ（紅藻類）

写真330
遠浅の砂底質に見られるウスユキウチワ（褐藻類）

写真331
遠浅の砂底質に見られるヨレヅタ（緑藻類）

写真332
砂底質から顔を出している岩やサンゴ片に付着生育しているヒトエグサ（緑藻類）

写真333
岩礁がないので砂地に出ている小さい岩やサンゴ片に付着生育しているのが多く見られる

写真334
波打ち際より陸地側に生育しているハマダイコン（アブラナ科）

写真335
波打ち際より陸地に生育しているツルナ（ザクロソウ科）

＜真手茶海岸の潮間帯＞

　島の東南側（内花集落から仲田港への海岸道路沿いに）の潮間帯は外礁が長い距離張り出て、荒波から守られて穏やかなラグーン（礁池）状になって遠浅の砂質底を形成している。また、黒色変岩の大きな岩石が礁池に突きだしている（写真336）それが外礁まで続いているので「渡地」と呼ばれている。潮間帯から沖合いを見ると具志川島や伊平屋島のや山々が見える。

写真336　渡地の外礁につながる板干瀬

写真337　渡地の浜から伊平屋島が見える

写真338
渡地の黒色変性岩の岩塊面に付着して生育しているヒトエグサ（緑藻類）

写真339
海水に浸るところに生育しているアナアオサ（緑藻類）

写真340
海水に浸るところに生育しているカゴメノリ（褐藻類）

写真341
渡地のイノー（礁池）と後方には伊平屋島の山々が見える

写真342
砂底質にウミヒルモ（海草類）とイソスギナ（緑藻類）

写真343
小さな海水溜まりにカイメンソウ(紅藻類)

写真344
群落状に生育しているイソスギナ（緑藻類）

写真345
固体状に生育しているイソスギナ（緑藻類）

写真346
砂に埋もれて生育しているマガタマモ（緑藻類）

＜真手茶海岸の仲田港寄りの潮間帯＞

　内花海岸から仲田港まで、島の東側は砂浜が長く続く海浜海岸である。特に仲田港に近い場所には、外礁に守られた穏やかな、ラグーン（礁池）が大きい規模で発達している。そこは浜から浅い沖合いまで、砂質底の遠浅が伸びている。砂底質の干上がる大潮時には、色々な海藻が見られる。そして所々に大きな変成岩の突出が見られる（写真347）。

写真347　仲田港に近い真手茶海岸に沖合いまで突き出ている岩石群が見られる

写真348　仲田港近くの真手茶海岸から北西側（仲田港）を見る

写真349
砂底のサンゴ片について生育しているフデノホ（緑藻類）

写真350
緑色の葉縁部が消失してくる時季のアナアオサ（緑藻類）

写真351
砂底質なのでサボテングサの仲間も多く見られる

写真352
ウスユキウチワ（褐藻類）

写真353
トゲノリ（紅藻類）

写真354
季節年度の早い時期に見られるウブゲグサ（紅藻類）の仲間

伊是名島

索引

種とその関係。写真番号。（ ）内は載録ページを示している

ア

アオモグサ	写真7(11), 写真12(13), 写真80(40), 写真81(41), 写真113(55), 写真327(140)
アナアオサ	写真8(11), 写真30(20), 写真32(21), 写真43(25), 写真48(25), 写真78(40), 写真142(65), 写真200(89), 写真339(144), 写真350(148)
アミジグサ	写真278(121)
安山岩	写真1(8)
アギ浜	写真226(100)
アフ岩(島)	写真239(104)
あがり浜	写真107(52), 写真108(53)
東ヤマトゥガー	写真94(45)
アーラ浜	写真20(16)
アンジェーラ浜	写真110(54)
イシノハナ	写真221(96), 写真256(110)
イソマツ(ウコン)	写真17(15), 写真305(132)
イソフサギ	写真306(132)
イソスギナ	写真306(132), 写真342(145), 写真344(146), 写真345(146)
イソアワモチ	写真72(35)
イソダンツウ	写真97(46), 写真270(119)
イーフビーチ	写真28(19), 写真38(23)
伊是名城跡	写真296(129)
伊是名ビーチ	写真322(138)
イリオモテアザミ	写真73(35), 写真123(58)
イリビシ石灰岩	写真3(9), 写真13(13)

151

宇江城層	写真2（9）
ウスユキウチワ	写真48(26)，　写真120(57)，　写真137(63)
	写真177(79)，　写真179(80)，　写真205(90)
	写真206(91)，　写真217(94)，　写真245(106)
	写真274(120)　写真330(141)，　写真352(149)
ウスガサネ	写真205(90)
ウミウチワ	写真216(94)，　写真235(103)，　写真250(108)
ウミヒルモ属	写真56(29)，　写真138(63)，　写真342(145)
ウブゲグサ	写真9(12)，　写真354(149)
ウチワサボテングサ	写真33(21)，　写真68(33)，　写真207(91)
ウパーア	写真100(85)
海ギタフ	写真311(134)
内花海岸	写真325(139)，写真326(139)

カ

カイメンソウ	写真50(27)，　写真52(28)，　写真71(34)
	写真133(62)，　写真256(110)，　写真287(124)
	写真343(145)
カイメンソウの生育集団	写真71(34)，
海食台の潮間帯	写真101(48)
カギケノリ	写真89(43)，　写真214(93)
カゴメノリ	写真8(11)，　写真119(57)，　写真213(93)
	写真216(94)，　写真340(144)
カビシオグサ	写真26(18)
カワラナデシコ	写真123(58)
カーベール岬	写真186(84)
ガラガラ	写真33(21)，　写真35(22)，　写真50(27)
	写真154(69)，　写真318(136)
キツネノオ	写真155(69)
キッコウグサ	写真10(12)，　写真51(27)，　写真85(42)
	写真114(55)，　写真144(66)，　写真208(91)
	写真236(103)，写真246(107)，写真285(124)
黒石礫	写真61(31)

儀名崎	写真174(78)
キガ浜	写真232(102)
義中山	写真106(52)
結晶質石灰岩	写真128(60)
ケラマジカの糞	写真164(75)
クサトベラ	写真195(87)
クシバルビーチ	写真170(77)，写真171(77)
クンシ沖の岩場	写真172(78)
グンバイヒルガオ	写真291(126)，写真315(135)，写真324(138)
コサボテングサ	写真53(28)。
コケモドキ	写真242(105)
降神島	写真294(128)
コナハダの仲間	写真84(42)
コノハダ	写真220(95)

サ

サンゴ藻の仲間	写真37(22)
サクバル奇岩群	写真156(72)
サボテングサの仲間	写真86(42)，写真207(91)，写真351(148)
シオグサの仲間	写真99(47)
シマテングサ	写真83(41)，写真143(65)，写真210(92)
シンリ浜の潮間帯	写真 4 (10)
シンリ浜のイリビシ石灰岩	写真14(14)
島尻岬	写真27(19)
シドの崎	写真109(53)
ショウジョウソウ	写真124(58)，写真260(111)
シオグサの仲間	写真99(47)
ジシバリ	写真307(132)
シロバナミヤコグサ	写真308(133)
スナヅル	写真315(135)
スズメダイの幼魚	写真318(136)
スジコナハダ	写真153(69)
センナリヅタ	写真131(61)，写真255(110)，写真284(123)

銭石(マーギノポーラ)	写真222(96)
赤色チャート	写真265(117)
赤色凝灰岩	写真96(46)
ソデガラミ	写真32(21)、　写真51(27)、　写真218(95)
ソゾの仲間	写真219(95)、　写真276(121)
ソフトコーラル	写真66(33)

タ

タカツキヅタ	写真69(34)
タマバロニア	写真65(32)、　写真117(56)、　写真146(66) 写真178(80)
タマネギ状風化	写真25(18)、　写真96(46)
チャートの露出岩	写真301(130)
チャート海岸のヒトエグサ	写真302(131)
ツルナ	写真335(142)
ツキイゲ群落	写真290(126)
トクジム海岸	写真1(8)、　写真22・23(17)
テンノウメ	写真105(49)
トゲノリ	写真47(26)、　写真211(92)、　写真353(149)

ナ

長浜ビーチ	写真76・77(39)
ニシバマビーチ	写真161(74)、　写真162(74)、　写真165(75)
ニシクゥーチン浜	写真233(89)
ナガミル	写真249(108)

ハ

ハイコナハダ	写真59(30)、　写真176(79)、　写真234(103) 写真251(108)、　写真328(140)
ハイテングサ	写真97(46)、　写真272(119)
ハナフノリ	写真82(41)
白色凝灰岩の海崖	写真93(45)
ハマアズキ	写真291(126)

ハマヒルガオ	写真122(58)
ハマボッス	写真310(133)
ハマダイコン	写真334(142)
ヒズシビーチ	写真166(75)
ヒトエグサ	写真6(11), 写真29(20), 写真78・79(40) 写真91(44), 写真98(47), 写真200(89) 写真201(89), 写真302・303・304(131) 写真332(141), 写真338(144)
ヒメイチョウ	写真31(20), 写真145(66)
ビャクシンヅタ	写真46(26), 写真203(90), 写真132(61)
ピザ浜	写真190(85)
ビーチ・ロック	写真159(73), 写真198(88), 写真258(111) 写真257(110), 写真273(120)
ヒラサボテングサ	写真70(34), 写真150(68)
フシクレノリ	写真49(27), 写真277(121)
フタエモク	写真54(28)
フデノホ	写真136(63), 写真148(67), 写真179(80) 写真349(148)
ホソバナミノハナ	写真34(21), 写真67(33)
ボウアマモ	写真57(29)
ホンダワラsP	写真60(30), 写真244(106), 写真252(109) 写真254(109)
ホンダワラの幼体	写真212(93)
ヘリトリアオリガイ	写真112(54)
ポットホール	写真223(96)

マ

マクリ	写真44(25), 写真87(43), 写真121(57) 写真134(62), 写真149(67), 写真180(80) 写真215(94), 写真247(107), 写真329(140)
マイクロアトール	写真92(44)
マガタマモ	写真135(62), 写真282(123), 写真346(146)
マツバウミジグサ	写真58(30), 写真116(56)

155

マユハキモ	写真64(32)，写真88(43)，写真283(123)
マッテラの浜	写真314，315，316(135)
真手茶海岸	写真347(147)
ミヅタマ	写真115(55)，写真204(90)
ミズガンピ	写真225(97)
ミルスベリヒユ	写真319(136)，写真320(136)
ムクキッコウグサ	写真253(109)
無節サンゴモ	写真65(32)
めがね岩	写真126(59)
モクビャッコウ	写真18(15)，写真195(87)，写真224(97)
モツレミル	写真209(92)
モンパノキ	写真104(49)，写真309(133)

ワ

ワナ浜、ワナ岬	写真231(102)，写真238(104)
湧出展望台	写真261(115)
渡地の外礁	写真336(143)

ヤ

ヤジリ浜	写真237(104)，写真238(104)，写真240(105)
ヤバネモク	写真243(106)，写真245(106)，写真248(107)
屋那覇島	写真321(137)
ヨレヅタ	写真45(25)，写真100(47)，写真118(56)，写真130(61)，写真151(68)，写真175(79)，写真331(141)

ラ

ラッパモク	写真36(22)
ランソウモドキ	写真183(81)
リュウキュウガサ	写真11(12)，写真147(67)，写真206(80)
リュウキュウスガモ	写真12(13)，写真152(68)，写真160(73)，写真286(124)，写真317(136)
リュウキュウアマモ属	写真55(29)

参考文献

　吉田忠生(1998)　新日本海藻誌　内田老鶴圃

　田中次郎・中村庸夫(2004)　日本の海藻　(株)平凡社

　千原光雄　監修(1975)　海藻　(株)学習研究社

　徳田・小河・大野(1987)　海藻資源養殖学　緑書房

　大野正夫(2004)　有用海藻誌　内田老鶴圃

　諸喜田茂充(1988)　サンゴ礁域の増養殖　緑書房

　西島信昇　監修(2003)　琉球列島の陸水生物　東海大学出版会

　能登谷正浩(2003)　海藻利用への基礎研究　成山堂書店

　山田信夫(2000)　海藻利用の科学　成山堂書店

　隆島史夫(2000)　次世代のバイオテクノロジー　成山堂書店

　西澤一俊・村杉幸子(1998)　海藻の本－食の源をさぐる　(株)研成社

　三浦昭雄　編者(1992)　水産学シリーズ　88　食用藻類の栽培　(株)恒星社厚生閣

　琉球大学公開講座委員会(1986)　沖縄のサンゴ礁　琉球大学公開講座委員会

　瀬川宗吉・香村真徳(1960)　琉球列島海藻目録　琉球生物学会

　サンゴ礁地域研究グループ(1900)　熱い自然―サンゴ礁の環境誌　(株)古今書院

　木崎甲子郎(1985)　琉球列島の地質誌　沖縄タイムス社

　加藤祐三(1985)　奄美・沖縄岩石鉱物図鑑　(株)新星図書出版

　当真武　(2012)　沖縄の海藻と海草　(株)文進印刷

引用文献

　沖縄生物教育研究会編(1984)　野外観察のしおり　P19～20(久場原図)

　沖縄県立教育センター(1986) 9月　高等学校理科長期研修収録73号(久場原図)

　伊是名村教育委員会　(1995) 3月　ふるさとの草木―伊是名諸島の植物図鑑

あとがき

　第1集の「潮間帯と海藻」、第2集の「潮間帯と海藻Ⅱ—八重山の海岸を歩く」、今回の第3集「沖潮間帯と海藻Ⅲ—沖縄島の周辺離島を歩く」で、大東島を除く潮間帯と海藻を紹介した。同じように沖縄の海への関心を持つ方々が「沖縄の海藻研究」をより発展させて行くものと考えます。沖縄の「潮間帯と海藻」を大観する事の手助けにはなれると思います。

　特異な海藻種、有意な食べ物としての海藻種はよく知られて人々の目に留められています。今後、「沖縄の海・潮間帯に生育している海藻」に目を向けて、自らの課題を見つけて取り組む人々が増えていくことを祈念します。

　終わりに、発行にあたりお世話になりました新星出版の真栄田英昭社長、編集の城間毅氏に感謝致します。

平成30年10月1日

久　場　安　次

久場安次（くば やすじ）

略歴

昭和19年11月	南洋サイパン島に生まれる。
	本部町出身。
昭和38年3月	琉球政府立名護高等学校卒業。
昭和42年3月	琉球大学文理学部生物学科卒業。
同年4月	辺土名高等学校に任用され、首里高等学校、普天間高等学校西原高等学校、那覇西高等学校を歴任。
平成8年4月	沖縄県立教育センター研究主事（理科研修課）
平成11年	知念高等学校（教頭）
平成14年	辺土名高等学校校長
現在	沖縄生物学会会員、日本藻類学会会員
	沖縄県レッドデータ分科委員（藻類）

著書

「潮間帯と海藻」（平成20年6月）新星出版
「潮間帯と海藻Ⅱ ―八重山の海岸を歩く―」（2012年）新星出版

潮間帯と海藻 Ⅲ─沖縄島の周辺離島を歩く

2018年11月30日　初版第1刷発行

著者　久場 安次
　　　〒903-0813 沖縄県那覇市首里赤田町2丁目62番地1号
　　　電話(098)885-9861

発行　新星出版株式会社
　　　〒900-0001 沖縄県那覇市港町2-16-1
　　　電話(098)866-0741

印刷　新星出版株式会社

Ⓒ Kuba Yasuji 2018 Printed in Japan
ISBN978-4-909366-18-4　C0645

定価はカバーに表示してあります。
落丁・乱丁の場合はお取り替えします。